DIE ENTWICKLUNG DER SPECTROCHEMIE

VORTRAG

GEHALTEN VOR DER ROYAL INSTITUTION

ZU LONDON AM 26. MAI 1905

VON

JULIUS WILHELM BRÜHL

BERLIN

VERLAG VON JULIUS SPRINGER

1905

ISBN 978-3-642-51277-3   ISBN 978-3-642-51396-1 (eBook)
DOI 10.1007/978-3-642-51396-1

Mit Freude darf ich heute — als Mitglied der Royal Institution dem britischen Lande assoziiert — vor Ihnen ein Bild der Entwicklung einer wissenschaftlichen Disziplin entrollen, deren Vorgeschichte sich in diesem Lande abgespielt hat, mit welchem mich seit vielen Jahren eine tiefe Sympathie verbindet. Manchen von Ihnen ist es bekannt, die anderen werden es noch heut ersehen, daß ich in der Tat der Wissenschaft dieses Landes in ganz besonderem Maße Anregung und Förderung verdanke. Es gereicht mir deshalb zu inniger Befriedigung, für diese Dankbarkeit, welche ich der britischen Wissenschaft schulde, hier Zeugnis abzulegen.

I.

§ 1. Als mir in den Augusttagen des vorigen
Jahres vergönnt war, während des Meetings der
British Association auf dem klassischen Boden von
C a m b r i d g e zu weilen, betrat ich an einem sonnigen
Nachmittage die so stimmungsvolle Trinity College
Chapel. Die Orgel spielte die Passacaglia von B a c h,
und still ließ ich mich nieder zu Füßen der Marmor-
statue, welche die Inschrift trägt:

NEWTON

Qui genus humanum ingenio superavit.

Die Kapelle war leer von Menschen, aber er-
füllt von Wohllaut und von den Schatten des Großen,
der einst im Leben hier geweilt hatte. Und meine
Gedanken schweiften zurück in die ferne Ver-
gangenheit.

Vor bald 2¹/₂ Jahrhunderten, in 1666, hatte im Trinity College der junge Bachelor I s a a c N e w t o n das Sonnenlicht zerlegt, die verschiedene Brechbarkeit der farbigen Lichtstrahlen entdeckt und die Dispersion erklärt.

Der Schöpfer der wissenschaftlichen Optik war auch der erste, welcher einen Zusammenhang zwischen der stofflichen Beschaffenheit der verschiedenen Körper in der Natur und ihrem Vermögen das Licht fortzupflanzen, wahrnahm.

N e w t o n beobachtete, daß Öle, Bernstein, Schwefel und andere Stoffe, welche brennbar sind, ein starkes Lichtbrechungsvermögen besitzen, und er sagt, was sehr merkwürdig ist, daß auch der Diamant brennbar sein müsse, da er das Licht so mächtig breche. Merkwürdig ist dieser Ausspruch in der Tat, wenn man bedenkt, daß in jenen fernen Zeiten niemand eine Ahnung von der chemischen Beschaffenheit des Diamanten, noch auch eine Vorstellung von dem Wesen der Verbrennung hatte.

Aber es bedurfte noch Jahrhunderte langer Arbeit, bis es gelang, klare Beziehungen zu erkennen zwischen der chemischen Beschaffenheit der verschiedenen Stoffe und ihrem Vermögen, das Licht in verschiedener Weise zu brechen und zu zerstreuen, also Spectra verschiedener Gestalt zu erzeugen. Die Aufklärung dieser Beziehungen ist die Aufgabe der „Spectrochemie" geworden.

§ 2. Newton war auch der erste, welcher ein Maß für die lichtbrechende Kraft der Stoffe aufstellte. Ausgehend von der von ihm begründeten Emanations-Theorie, betrachtete er das um eins verminderte Quadrat des Brechungsindex:

$$n^2 - 1$$

als Ausdruck der brechenden Kraft. Die auf gleiche Dichte reduzierte, also mit der spezifischen Dichte d der verschiedenen Körper dividierte brechende Kraft:

$$\frac{n^2 - 1}{d}$$

bezeichnete er als „absolute refractive power".

§ 3. Erst volle 100 Jahre später sprach Laplace in seiner berühmten „Mécanique céleste" den Grundsatz aus, daß dieser aus der Emanations-Theorie Newtons abgeleitete Refraktionsausdruck für ein und denselben Stoff von der durch Druck oder Temperatur veränderten, also zufälligen Dichte unabhängig sein müsse.

§ 4. Die bis dahin rein hypothetische Refraktionsformel erhielt eine erhöhte wissenschaftliche Bedeutung, als B i o t & A r a g o 1806 und D u l o n g 1826 das Refraktionsvermögen der Gase und Dämpfe untersuchten. Diese ersten quantitativen Messungen des Lichtbrechungsvermögens schienen in der Tat zu bestätigen, daß die N e w t o n sche Formel für jeden Körper eine konstante Größe darstellt, welche von den Zufälligkeiten des Druckes und der Temperatur stets unabhängig bleibt.

Mit dem Siege der heutigen Wellentheorie des Lichtes verlor aber der N e w t o n sche Refraktionsausdruck $\frac{n^2 - 1}{d}$ seine theoretische Bedeutung. Neuere Versuche zeigten dann bald, daß auch die vermeintliche Unabhängigkeit des aus der Emanations-Theorie abgeleiteten Maßes des Lichtbrechungsvermögens von Druck und Temperatur tatsächlich nicht existiert.

II.

§ 5. J o h n H a l l G l a d s t o n e begann 1858 seine ausgezeichneten optischen Arbeiten, welche ihn über 40 Jahre lang mit großem Erfolge beschäftigten. Er untersuchte zunächst in Gemeinschaft mit dem Rev. T. P e l h a m D a l e die Abhängigkeit des Brechungsvermögens von der Temperatur, und zwar bei f l ü s s i g e n Substanzen. Hierbei ergab sich sogleich das wichtige Resultat, daß N e w t o n s Refraktionsausdruck $\dfrac{n^2 - 1}{d}$ nicht konstant ist, sondern sich mit der Temperatur bedeutend ändert. Dagegen wurde gefunden, daß die einfachere Relation

$$\frac{n - 1}{d}$$

nahezu konstant bleibt.

Diese neue Relation gilt nun auch für Gase und Dämpfe ebenso wie die von B i o t & A r a g o und von D u l o n g bestätigte Konstante N e w t o n s. Weil nämlich bei Gasen der Brechungsindex sich von der Einheit sehr wenig unterscheidet, sind die Zahlenwerte von $\dfrac{n^2 - 1}{d}$ fast genau doppelt so groß wie die von $\dfrac{n - 1}{d}$.

III.

§ 6. Anfangs der 60 er Jahre des vorigen Jahrhunderts trat H a n s L a n d o l t mit seinen optischen Untersuchungen hervor. Er bestätigte zunächst die Resultate von Gladstone & Dale. Aber er machte noch einen Schritt weiter, indem er nach dem Vorgange von Berthelot das Brechungsvermögen nicht gleicher, sondern molekularer Mengen der Körper mit einander verglich. Wenn P das Molekulargewicht bezeichnet, ist das Produkt $\left(\dfrac{n-1}{d}\right)P$ die Molekularrefraktion.

§ 7. Landolt prüfte namentlich die fundamentale Frage, ob bei gleicher Elementarzusammensetzung eine verschiedenartige Gruppierung der Atome — die Ursache der Isomerie — auf die optischen Eigenschaften der Körper einwirkt.

Der wichtige Nachweis, daß nur das Gewichtsverhältnis der Elemente auf die Molekularrefraktion einer Verbindung von Einfluß ist, nicht in merklichem Grade dagegen die verschiedene Gruppierung der Atome, ermöglichte es, die Atomrefraktionen der Elemente zu bestimmen. So ergab sich z. B. die Atomrefraktion des Kohlenstoffs, indem man die Molekularrefraktion zweier Verbindungen mit einander verglich, welche nur um ein Atom Kohlenstoff differierten. In ähnlicher Weise wurde die Atomrefraktion der übrigen Elemente ermittelt.

Mit Hilfe dieser Konstanten ließ sich nun die Molekularrefraktion vieler organischer Verbindungen aus ihrer elementaren Zusammensetzung a priori berechnen, und L a n d o l t zeigte, daß die so vorausberechneten Zahlen mit den experimentell bestimmten Molekularrefraktionen sehr gut übereinstimmten.

§ 8. G l a d s t o n e konnte bei der Fortsetzung seiner Untersuchungen die Resultate L a n d o l t s in vielen Fällen bestätigen. Aber er fand auch eine bedeutende Anzahl von Körpern, bei welchen die beobachtete Molekularrefraktion von der durch Summierung der Atomrefraktionen berechneten vollkommen abwich. Die Ausnahmen waren so zahlreich, daß sie tatsächlich das ganze Gesetz der Summation umzustoßen schienen.

IV.

§ 9. Als ich gegen Ende der 70-er Jahre die über chemische Optik vorliegende Literatur studierte, erregte namentlich eine ganz kurze Mitteilung von G l a d s t o n e, welche im Mai 1870 im Journal of the Chemical Society erschienen war, meine Aufmerksamkeit und meine Neugier. Der Verfasser bespricht da speziell die Ausnahmen von der L a n d o l t -schen Summations-Regel. Er zeigt zunächst, daß in allen derartigen Fällen die Molekularrefraktion niemals zu klein, sondern immer zu groß gefunden wird. Und er weist ferner nach, daß ganze Klassen von Verbindungen sich in dieser abnormen Weise verhalten.

§ 10. Alle optisch abnormen Verbindungen erwiesen sich als reich an Kohlenstoff. G l a d s t o n e prüfte daher, welchen Einfluß ein stufenweises Anwachsen des Kohlenstoffgehaltes der Körper auf ihr Lichtbrechungsvermögen ausübe. Er fand nun in der Tat eine Zunahme des Überschusses der experimentellen Molekularrefraktion gegen die berechnete mit wachsendem Kohlenstoffgehalt, aber keine regelmäßige Zunahme, welche die Anomalien hätte erklären können.

Die mit Wasserstoff gesättigten Kohlenwasserstoffe, die P a r a f f i n e , von der allgemeinen Zusammensetzung $C_n H_{2n+2}$, zeigten n o r m a l e Molekularrefraktion.

Auch die um 2 Wasserstoffatome ärmeren O l e f i n e fand G l a d s t o n e normal.

Dagegen ergaben die um 6 Wasserstoffatome ärmeren Kohlenwasserstoffe, nämlich die T e r p e n e ,

Molekularrefraktionen, welche um ca. 3 Einheiten größer waren als ihrer Zusammensetzung entsprach.

Bei den um 8 Wasserstoffatome ärmeren a r o - m a t i s c h e n Kohlenwasserstoffen, wie Benzol, Toluol usw., betrug dieser abnorme Überschuß 6 Einheiten.

Paraffine . . . . . . $(C_n H_{2n+2})$ Normal
Olefine . . . .   „ $- H_2$ „
Terpene . . . . .   „ $- H_6$ „ $+3$
Benzol und Derivate.   „ $- H_8$ „ $+6$

Mit weiter abnehmendem Wasserstoffgehalt (also weiter zunehmendem Kohlenstoffgehalt) ergaben sich immer mehr ansteigende Refraktionsinkremente.

Das Schlußglied der Reihe aber, nämlich der gänzlich wasserstoffreie Kohlenstoff, in Form des Diamanten, erwies sich merkwürdigerweise wieder als optisch vollkommen normal.

V.

§ 11. F r a n ç o i s A r a g o erzählt in seinen berühmten „Éloges", in der Schilderung des Lebens und der Werke von T h o m a s Y o u n g , daß dieser durch die so alltäglichen Seifenblasen auf die fundamentale Entdeckung der Interferenz des Lichtes geführt worden sei. Und A r a g o macht hierzu die Bemerkung, daß es eine der kostbarsten Fähigkeiten sei, sich zu rechter Zeit wundern zu können.

Gladstone's soeben erwähnte Beobachtungen waren fast 10 Jahre bekannt, ohne irgend jemandes Erstaunen zu erwecken. Als mir seine kurze Mitteilung in die Hände fiel, hatte ich das Glück, mich zu rechter Zeit zu wundern.

Es schien mir in der Tat außerordentlich merkwürdig, daß alle optisch abnormen Körper ausnahmslos zu h o h e Molekularrefraktion ergaben. Nicht minder erstaunlich war mir, daß die gesättigten Kohlenwasserstoffe optisch normal seien, durch sukzessive Entziehung von Wasserstoff aber immer abnormer werden -- während ganz wasserstofffreier Kohlenstoff wieder vollkommen normal ist.

Ganz besonders frappierte mich aber der quantitative Betrag der Abnormität bei den Benzolverbindungen, nämlich ihr Refraktionsinkrement von 6 Einheiten. Die Zahl 6 faszinierte mich. In ihr vermutete ich den Schlüssel zu dem Geheimnis. Und ich zögerte nicht, ihn sofort zu benutzen.

§ 12. Nach der genialen Hypothese von K e k u l é kann man sich das Benzol, $C_6 H_6$, aus dem gesättigten Kohlenwasserstoff Hexan, $C_6 H_{14}$, durch

sukzessive Entziehung von Wasserstoff entstanden
denken:

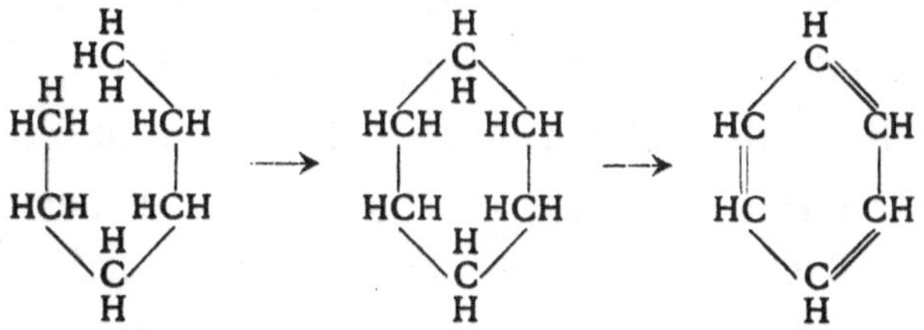

$$\begin{array}{ccc}
\text{(Hexan)} & \text{(Hexamethylen)} & \text{(Benzol)} \\
C_6H_{14} & C_6H_{12} & C_6H_6
\end{array}$$

Es sind also im ganzen vier Paare von Wasserstoffatomen entfernt worden. Die Eliminierung des
ersten Paares wurde benutzt zur Bildung einer
weiteren e i n f a c h e n Kohlenstoffbindung, wie
solche schon im Hexan vorhanden sind, und zwar
zur Schließung des Ringes. Die Abspaltung der drei
übrigen Paare von Wasserstoffatomen hatte dagegen
die Entstehung von drei d o p p e l t e n Bindungen
der Kohlenstoffatome zur Folge, welche Art von
Bindungen in dem optisch normalen Hexan garnicht
vorkommt.

Nun hatte Gladstone gefunden, daß Benzol ein
Refraktionsinkrement von 6 Einheiten aufweist. —
Dies lesend, durchzuckte mich der Gedanke: Sollte
etwa dieses abnorme Refraktionsinkrement des
Benzols von seinen doppelten Kohlenstoffbindungen

herrühren, welche in dem optisch normalen Hexan fehlen?

Und wenn dies der Fall wäre, schloß ich weiter, dann müßte ja, da d r e i Doppelbindungen im Benzol ein Refraktionsinkrement von 6 Einheiten entspricht, e i n e r Doppelbindung das Inkrement 2 zukommen.

Diese Ideen wurden nun allerdings durch die damals vorliegenden Tatsachen keineswegs gestützt. Denn G l a d s t o n e hatte ausdrücklich angegeben, daß die O l e f i n e, kettenförmige Kohlenwasserstoffe, welche e i n e doppelte Kohlenstoffbindung enthalten, optisch n o r m a l seien.

Aber ich ließ mich dadurch nicht entmutigen. Und siehe da! Meine Erwartungen wurden sofort, durch das erste Experiment, bestätigt. Das untersuchte Olefin erwies sich nicht nur als optisch abnorm, sondern ergab auch das vorausgesehene Refraktionsinkrement von 2 Einheiten, entsprechend der Anwesenheit e i n e r doppelten Kohlenstoffbindung.

G l a d s t o n e hatte sich also hier, wie ich vermutete, geirrt. Die Olefine erwiesen sich, wie weitere Versuche zeigten, in keinem einzigen Falle optisch normal, sondern ausnahmslos ergaben sie das Refraktionsinkrement von 2 Einheiten, $\frac{1}{3}$ desjenigen des Benzols.

Es wurden dann D i o l e f i n e untersucht, Substanzen, welche z w e i Doppelbindungen des Kohlenstoffs enthalten. Und auch hier ergab sich, den Erwartungen entsprechend, wieder ein konstantes Refraktionsinkrement, und zwar d o p p e l t so groß, wie das der Olefine und $2/3$ desjenigen des Benzols:

Paraffine . . . . . $(C_n H_{2n+2})$	Normal	
Olefine . . . . . „	$-H_2$ „	$+2$
Diolefine . . . . „	$-H_4$ „	$+4$
Benzolverbindungen „	$-H_8$ „	$+6$

Wegen des Umfanges des heutigen Themas können diese eben erwähnten wichtigen Tatsachen hier nicht eingehend durch Experimente erläutert werden. Ich will Ihnen nur zeigen, daß das Spectrum eines gesättigten Kohlenwasserstoffs, eines Paraffins, auf den ersten Blick von demjenigen eines Doppelbindungen enthaltenden Körpers zu unterscheiden ist. (Experiment!)

Wir projizieren auf diesen Schirm das elektrische Spectrum des metallischen C a l c i u m s. Und zwar lassen wir zuerst die Lichtstrahlen durch ein mit Paraffinöl gefülltes Prisma hindurchgehen. Alsdann vertauschen wir dieses Prisma gegen ein anderes, gefüllt mit einer Doppelbindungen der Atome enthaltenden Substanz.

Sie sehen im zweiten Falle eine viel größere Ablenkung des gesamten Spectrums, also eine größere Refraktion, und auch eine weit mehr ausgedehnte Entfernung der farbigen Spectrallinien von einander als im ersten Falle, also eine viel größere Dispersion, welche der Refraktion in der Regel korrelativ ist.

§ 13. Die Anschauung, daß die mit abnehmendem Wasserstoffgehalte wachsenden abnormen Refraktionsinkremente der Körper durch entstehende doppelte Kohlenstoffbindungen hervorgebracht werden, war also durch die vorher erwähnten quantitativen Untersuchungen bestätigt worden.

Dieselben hatten aber zugleich noch eine zweite, fundamental wichtige Tatsache ergeben. Die Olefine nämlich enthalten 2 Wasserstoffatome weniger und die Diolefine 4 Wasserstoffatome weniger wie die Paraffine. Ebenso ist auch das Refraktionsinkrement der Olefine = 2, der Diolefine = 4.

Das Benzol, C_6H_6, enthält nun 8 Wasserstoffatome weniger als das entsprechende Paraffin C_6H_{14}, das Hexan. Das Inkrement des Benzols beträgt aber nicht 8 sondern nur 6! Es sind also bei der

Bildung des Benzols aus Hexan 2 Wasserstoffatome eliminiert worden, ohne Einfluß auf das Refractionsinkrement des Produktes.

Zwei Wasserstoffatome des Hexans sind nun aber bei der Benzolbildung zur Ringschließung benutzt worden. Die Entziehung dieser 2 Atome und die Ringschließung ist also ohne optische Anomalisierung erfolgt.

Bei der Bildung der Olefine und Diolefine aus den Paraffinen findet dagegen keine Ringschließung statt. Diese Körper sind kettenförmig, und j e d e r Entziehung von 2 Wasserstoffatomen entspricht hier die Entstehung je einer Kohlenstoff-Doppelbindung:

$$H_3C \cdot CH_2 \cdot CH_2 \cdot CH_2 \cdot CH_2 \cdot CH_3$$
Hexan
(C_6H_{14})

$$CH_2 = CH \cdot CH_2 \cdot CH_2 \cdot CH_2 \cdot CH_3$$
Hexylen
(C_6H_{12})

$$CH_2 = CH \cdot CH_2 \cdot CH_2 \cdot CH = CH_2$$
Diallyl
(C_6H_{10})

Daher ist denn auch das Refraktionsinkrement der Olefine und Diolefine direkt proportional der Anzahl dem Paraffin entzogener Wasserstoffatome.

Aus alledem ergibt sich, daß die Entziehung von Wasserstoffatomen nur insoweit optisch anomalisierend wirkt, als hierdurch doppelte Bindungen des Kohlenstoffs erzeugt werden. Wasserstoff-Abspaltung, welche eine Ringschließung zur Folge hat, ist dagegen ohne abnormen optischen Einfluß, erzeugt kein Refraktionsinkrement.

Dieser letztere, später noch vielfach experimentell bestätigte Grundsatz hat sich für die Erforschung der chemischen Struktur der Körper von gleicher Wichtigkeit erwiesen wie der erste Satz.

§ 14. Einige Beispiele mögen gleich hier zeigen, wie diese beiden Grundsätze zur Ermittlung der chemischen Struktur benutzt werden können.

Für das Benzol sind außer der ersten, von Kekulé herrührenden Formel noch mehrere aufgestellt worden, so unter anderen die von Ladenburg und von Claus:

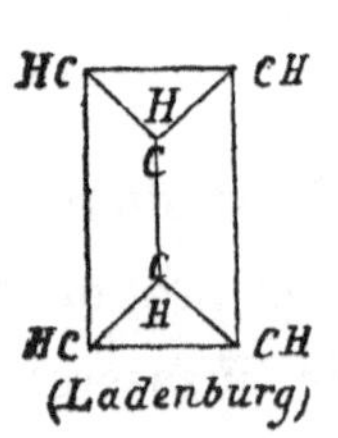

(Ladenburg)

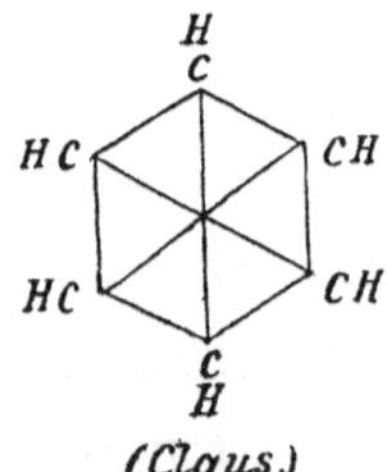

(Claus.)

Keines dieser Strukturbilder ist mit den Ergebnissen der spectrochemischen Untersuchung vereinbar, da sie nur einfache, ringschließende, aber keine doppelten Bindungen benachbarter Kohlenstoffatome enthalten. Körper dieser Art müßten optisch normal sein, während das Benzol und seine Derivate tatsächlich anormal sind. K e k u l é s Benzolformel ist in der Tat das einzige in die Ebene projizierte Strukturbild dieses Körpers, welches durch die chemische Optik bestätigt wird.

Auf optischem Wege läßt sich also feststellen, ob ein fraglicher Körper zu den paraffinischen, zu den olefinischen, oder zu den ringförmigen Gebilden gehört, ob diese Gebilde Doppelbindungen enthalten, und eventuell, wie viele derselben.

Nun können wir uns auch einen Begriff davon machen, weshalb der reine kristallisierte Kohlenstoff, der Diamant, wie vorher erwähnt wurde, optisch normal ist. Und wir gewinnen eine Vorstellung über die chemische Konstitution dieses Minerals, über die Art, wie die Atome des Kohlenstoffs in dem funkelnden Edelstein kombiniert sein mögen.

Das Molekul des Diamanten kann aus den angegebenen Gründen unmöglich irgend welche doppelten Bindungen enthalten; eine Kombination etwa in der Form

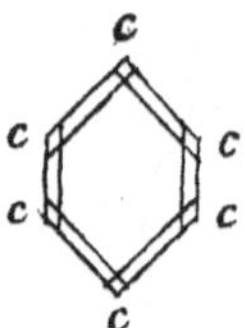

in welcher in den sechs Ecken je ein Kohlenstoffatom enthalten wäre, mit jedem Nachbar doppelt verbunden, ist ganz ausgeschlossen.

Denken Sie sich dagegen in den sechs Ecken eines regulären Oktaeders je ein Molekul Grubengas, CH_4, also zusammen C_6H_{24}, und denken Sie sich sukzessive alle 24 Wasserstoffatome so abgesprengt, daß hierdurch jedes Kohlenstoffatom mit jedem benachbarten nur durch eine einzige Bindung verknüpft wird, und so alle 6 Kohlenstoffatome miteinander zu einem Ganzen vereinigt werden, so erhalten Sie als einfachstes Bild des Moleküls des Diamanten ein reguläres Oktaeder, in dessen 6 Ecken je ein Kohlenstoffatom enthalten ist, während die Kanten die gegenseitigen Bindungen darstellen:

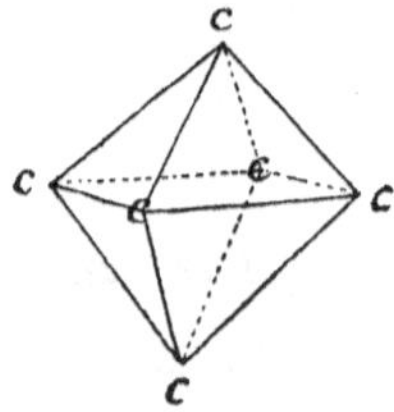

Mehrere einfache Molekel dieser Art mögen zu einer Kristallpartikel des spectrochemisch normalen Diamanten kombiniert sein.

§ 15. Durch die Erklärung des optischen Verhaltens des Benzols und durch die daran geknüpften Entdeckungen waren auf einmal die Ursachen der spectrochemischen Abnormität ganzer Klassen von Körpern, wie der Olefine, Diolefine, Terpene, aromatischen Verbindungen usw., verständlich geworden. Und über die chemische Konstitution ganzer Klassen von Körpern wurde Licht verbreitet.

Zugleich war aber auch mit einem Schlage aufgeklärt, wie L a n d o l t und ebenso G l a d s t o n e bei sehr zahlreichen Verbindungen der verschiedensten Arten: Alkohole, Säuren, Äther, Kohlenwasserstoffe usw. vollkommene optische Normalität beobachten konnten. Und es wurde jetzt verständlich, weshalb bei solchen Körpern die Molekularrefraktion lediglich der elementaren Zusammensetzung entspricht, die verschiedene Gruppierung der Atome aber — also die Isomerie — ohne merklichen optischen Einfluß ist.

Sämtliche Körper dieser Art erwiesen sich nämlich entweder als Paraffine, also gesättigte Kohlenwasserstoffe, oder als einfache Derivate derselben. Die Paraffine sind aber, wie wir jetzt wissen, immer optisch normal, weil sie keine doppelten Kohlenstoffbindungen enthalten. Aus diesem Grunde müssen auch alle derartigen einfachen Abkömmlinge der Paraffine normal sein. Ihre Molekularrefraktion wird also stets der elementaren Zusammensetzung entsprechen, wie immer die Atome gruppiert sein mögen, d. h. — die chemische Isomerie bleibt hier einflußlos.

§ 16. Aus demselben Grunde müssen aber auch ringförmig geschlossene Gebilde, wenn sie keine doppelten Kohlenstoffbindungen enthalten, optisch normal sein. Denn auch diese Körper lassen sich entstanden denken durch einfache Substitution von Wasserstoff durch paraffinische Reste, können also als kombinierte Paraffine aufgefaßt werden.

So können wir uns das schon erwähnte H e x a - m e t h y l e n nicht nur aus H e x a n, durch Abspaltung von z w e i endständigen Wasserstoffatomen gebildet vorstellen, sondern auch entstanden aus A e t h a n und B u t a n, also zwei Paraffinen, durch Absprengung von v i e r Wasserstoffatomen und Zusammenschweißung der Reststücke:

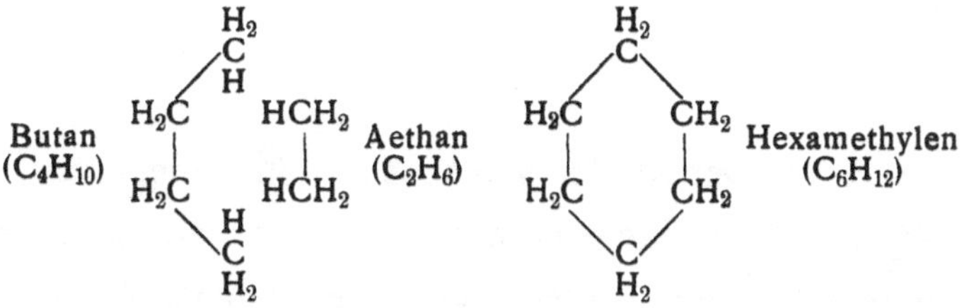

$$
\text{Butan } (C_4H_{10}) \qquad \text{Aethan } (C_2H_6) \qquad \text{Hexamethylen } (C_6H_{12})
$$

Als kombiniertes Paraffin muß das H e x a m e - t h y l e n normal sein, wie auch das Experiment bestätigt hat. Und wir sehen auch hier, wie beim Diamanten, daß eine immer weiter fortschreitende Entziehung des Wasserstoffs und Zunahme des Kohlenstoffgehalts doch durchaus keine optische Anomalisierung zur Folge haben muß.

Zugleich ergibt sich hier ein Fall des optischen Einflusses der Isomerie. Denn das vorher schon erwähnte H e x y l e n, von gleicher Formel C_6H_{12} wie das H e x a m e t h y l e n, aber ein Olefin:

$$
CH_2 = CH \cdot CH_2 \cdot CH_2 \cdot CH_2 \cdot CH_3
$$

besitzt das uns bekannte Refraktionsinkrement von 2 Einheiten. Dieses Beispiel zeigt wieder, wie das spectrochemische Verhalten die chemische Struktur aufdeckt, indem es einen optisch normalen Ringkörper von einem isomeren offenen, olefinischen, optisch abnormen Gebilde sicher unterscheiden läßt.

VI.

§ 17. Der Kohlenstoff kann also in verschiedener Weise auf das Licht einwirken, je nach der Art der Bindung seiner Atome. Das Refraktionsinkrement der doppelten Bindung können wir somit auf das Atom selbst übertragen.

Im Diamanten und in allen paraffinischen Kohlenstoffverbindungen ist die Atomrefraktion des Kohlenstoffs $= 5$; sie ist also $= 10$ für zwei Kohlenstoffatome. Die Doppelbindung erhöht die Refraktion um 2, dieselbe beträgt somit 12 für zwei doppelt gebundene Kohlenstoffatome. Die Atomrefraktion e i n e s doppelt gebundenen Kohlenstoffatomes ist daher $= 6$, d. h. um $20\,\%$ größer als die des einfach gebundenen Atoms:

	Atom-Refr.
1 Kohlenstoffatom C (Diamant, Paraffine) . .	5
2 Kohlenstoffatome 2C „ „ . .	10
Doppelbindung	2
2 doppelt gebund. Kohlenst.-At. $C = C$ . .	12
1 doppelt gebund. Kohlenst.-At. $C =$ . . .	6

§ 18. Der Kohlenstoff, als vierwertiges Element,

kann nun aber auch in d r e i f a c h e n Bindungen auftreten:

$$R.C \equiv C.R$$

Das Experiment hat gelehrt, daß auch dem d r e i - f a c h gebundenen Kohlenstoff eine besondere Atomrefraktion zukommt.

Hierdurch wird es ermöglicht, auch diese Art von Bindung in den Körpern nachzuweisen und von den doppelten und einfachen zu unterscheiden — ein weiteres Kriterium der Struktur.

§ 19. Infolge dieser Entdeckungen wurde es sehr wahrscheinlich, daß alle polyvalenten Elemente, wie der Kohlenstoff, mit der Art der Bindung variable Atomrefraktionen besitzen, dagegen den einwertigen Elementen, wie dem Wasserstoff, unveränderliche optische Werte zukommen, da solche Atome nur einfach gebunden sein können.

Die späteren Untersuchungen haben dies bestätigt. Die einwertigen Halogene ergaben, ebenso wie der Wasserstoff, im elementaren Zustande und in den Verbindungen konstante Atomrefraktionen. Die mehrwertigen Elemente, wie der Sauerstoff und Stickstoff, zeigen dagegen je nach der Art ihrer Bindung verschiedene optische Werte.

Bei Gelegenheit solcher Untersuchungen wurde auch die V i e r w e r t i g k e i t des Sauerstoffs, welche man früher schon vermutet hatte, mit Bestimmtheit nachgewiesen, was durch synthetische Arbeiten von C o l l i e und T i c k l e und von anderen bestätigt wurde.

§ 20. Die Idee über die Ursachen der scheinbaren optischen Abnormitäten gewisser Klassen von Körpern, welche den Ausgangspunkt aller folgenden Entdeckungen auf diesem Gebiete bildete, hat sich also überaus fruchtbar erwiesen. In der Tat darf man den Fortschritt dieses Wissenszweiges in den letzten 25 Jahren als im wesentlichen auf dieser Vorstellung beruhend bezeichnen.

Denn erst als es gelungen war, sich über den dunkeln Sinn des Refraktionsinkrements **6** bei dem Benzol Klarheit zu verschaffen, erkannte man mit Bestimmtheit, daß die verschiedene Beanspruchung der Valenz der mehrwertigen Elemente auf das optrische Verhalten der Körper stets von maßgebendem Einfluß ist. Hierdurch erst wurde eine spectrometrische Methode zur Erforschung der chemischen Struktur geschaffen, also was wir heut „S p e c t r o c h e m i e" nennen, begründet.

VII.

§ 21. Wir müssen jetzt noch einmal auf das Maß des Refraktionsvermögens zurückkommen. Der Ausdruck $\left(\dfrac{n^2-1}{d}\right)$ P von N e w t o n hatte sich bei flüssigen Körpern als von der Temperatur nicht unabhängig erwiesen und war deshalb durch die in befriedigenderer Weise konstante Relation $\left(\dfrac{n-1}{d}\right)$ P von G l a d s t o n e & D a l e ersetzt worden. Dieselbe hat während einiger Jahrzehnte vortreffliche Dienste geleistet. Als sich aber das Beobachtungsmaterial mehr und mehr erweiterte, ergaben sich auch bei diesem Refraktionsmaß Unvollkommenheiten, welche es schließlich zu verlassen nötigten. Wir können hier auf die Begründung nicht näher eingehen und beschränken uns nur darauf, zu bemerken, daß bei Vergleichungen der Körper in verschiedenen Aggregatzuständen sich keine genügende Konstanz ergab. Die Werte $\left(\dfrac{n-1}{d}\right)$ P für eine flüssige oder feste Substanz zeigten sich stets erheblich größer als für denselben Stoff im gas- oder dampfförmigen Zustande.

§ 22. Da fügte es ein glücklicher Zufall, daß zu gleicher Zeit, 1880, die Physiker L. L o r e n z in Kopenhagen und H. A. L o r e n t z in Leyden mit einem neuen Refraktionsausdruck hervortraten. Sie gelangten, der eine ausgehend von der gewöhnlichen Lichttheorie, der andere von der auf F a r a d a y's Anschauungen begründeten M a x w e l l'schen elektromagnetischen Lichttheorie, zu dem übereinstimmenden Resultate, daß als wahres Maß des Lichtbrechungsvermögens der Ausdruck

$$\left(\frac{n^2-1}{n^2+2}\right)\frac{P}{d}$$

zu gelten habe. Die experimentelle Prüfung zeigte in der Tat, daß dieser theoretisch abgeleitete Ausdruck für jeden Körper nicht nur von Temperatur und Druck, sondern auch von dem Aggregatzustande nahezu unabhängig ist.

Die chemische Prüfung des neuen optischen Maßstabes bewährte seine Brauchbarkeit, indem alle vorher erwähnten Gesetzmäßigkeiten bei Anwendung dieser neuen Konstante noch schärfer hervortraten.

§ 23. Dieser Refraktionsausdruck erwies sich aber noch in anderer Hinsicht als wertvoll. Er zeigte sich nämlich als sehr geeignet zur Messung des D i s p e r s i o n s vermögens der Körper.

Bezeichnet n_v und n_r die Brechungsindizes für die Grenzen des sichtbaren Spectrums, also für violettes und für rotes Licht, so ergibt die Differenz des Refraktionsvermögens für diese Grenzstrahlen:

$$\left(\frac{n_v^2 - 1}{n_v^2 + 2} - \frac{n_r^2 - 1}{n_r^2 + 2} \right) \frac{P}{d}$$

ein Maß für das Vermögen der verschiedenen Körper das Licht zu z e r s t r e u e n — das Spectrum auszubreiten. Diese Relation ergab sich als von Temperatur, Druck und Aggregatzustand unabhängig.

Schon G l a d s t o n e hatte bemerkt, daß auch die D i s p e r s i o n mit der chemischen Natur der Körper in Zusammenhang steht, wie die Refraktion. Quantitative Beziehungen ließen sich aber erst jetzt ableiten, nachdem ein konstantes Dispersionsmaß gefunden war. Und so wurden denn auch aus den M o l e k u l a r - D i s p e r s i o n e n der Verbindungen die A t o m - D i s p e r s i o n e n der Elemente abgeleitet.

Auf die Beziehungen, welche sich so zwischen der chemischen Beschaffenheit der Stoffe und ihrem Vermögen, das Licht zu z e r s t r e u e n, ergaben, können wir hier nicht eingehen. Nur so viel mag bemerkt werden, daß im großen und ganzen eine

Analogie mit der Refraktion besteht. Die Dispersion ist aber eine noch sensitivere, mehr konstitutive Eigenschaft und daher in vielen Fällen zur Erforschung der chemischen Struktur ganz besonders geeignet.

VIII.

§ 24. Es bleibt uns nun noch übrig, über die Anwendungen der Spectrochemie in der Wissenschaft und im praktischen Leben einiges zu bemerken.

In welcher Weise die spectrochemische Untersuchung im allgemeinen zur Lösung rein wissenschaftlicher Probleme herangezogen werden kann, zur Ermittlung der chemischen Struktur einzelner Stoffe oder ganzer Klassen von Körpern, ist schon vorher im Prinzip gezeigt worden.

Es gibt nun eine große Menge von Substanzen, teils künstlich durch Synthese aus den Elementen aufgebaute, teils in den Pflanzen und in der Tierwelt, ja sogar in der unbelebten Natur vorkommende Stoffe, deren Struktur von merkwürdiger Zartheit und Unbeständigkeit ist. Hierher gehören z. B. die sogenannten „tautomeren" Verbindungen, das Wasserstoffsuperoxyd und viele andere labile Körper.

Diese Art von Substanzen bietet gerade ganz besonderes Interesse. Denn infolge ihrer Veränderlichkeit sind sie es vorzugsweise, welche Veranlassung zu Umwandlungen geben, zu dem unendlichen Kreislauf der Materie, dem ewigen Entstehen und Vergehen in der Natur.

Die Erforschung der atomistischen Struktur solcher Körper auf rein chemischem Wege ist oft sehr schwierig, nicht selten unmöglich. Denn infolge der Empfindlichkeit ihrer Organisation führen chemische Eingriffe entweder zu Änderungen der Atomgruppierung, die nicht immer kontrollierbar sind, oder gar zu einem gänzlichen Zerfall.

Gerade in solchen Fällen ist es natürlich von größtem Werte, die Konstitution der Körper prüfen zu können, ohne sie chemisch zu verändern. Dies ermöglicht eben, wie wir gesehen haben, die spectrometrische Untersuchung. Indem wir das Verhalten des Lichtes beim Durchgang durch die verschiedenen Körper beobachten, gewinnen wir einen Einblick in die Struktur derselben, ohne deren Beschaffenheit irgend wie zu ändern.

§ 25. In dem letzten Jahrzehnt ist namentlich auch die Spectrochemie der Verbindungen des Stickstoffs gefördert worden. Dieses Element ist als wesentlicher Bestandteil der Proteinstoffe, der Alkaloide und vieler anderer Tier- und Pflanzenprodukte von der größten Wichtigkeit. Aber es bietet auch infolge seiner hohen Valenz und der außerordentlichen Mannigfaltigkeit seines Bindungsvermögens gegenüber anderen Elementen besonders komplizierte Verhältnisse. Die spectrochemische Untersuchung der Stickstoffverbindungen hat ungeachtet dessen schon brauchbare Resultate geliefert, namentlich in der Erforschung der Alkaloide. Es ist zu erwarten, daß diese optische Methode auch in der jetzt so intensiv bearbeiteten Chemie der Eiweißkörper von Nutzen werden wird.

§ 26. Eine Klasse von Körpern, welche sowohl in der Wissenschaft, als auch in der chemischen Industrie immer größere Bedeutung gewinnt, ist die Klasse der natürlichen und künstlichen Riechstoffe. Die überwiegende Mehrzahl dieser Körper besteht aus Derivaten der Terpene. Wie bereits erwähnt, hatte schon Gladstone, auch auf diesem Gebiete ein Pionier, sich als erster mit dem optischen Verhalten der Terpene beschäftigt. Die Aufklärung der Struktur dieser Körper und einer großen Zahl von herrlichen natürlichen Riechstoffen, welche sich von ihnen ableiten, ist später durch die Anwendung der spectrochemischen Methoden der Forschung sehr erleichtert worden. Ebenso wurde dadurch der synthetische Aufbau kostbarer Blumendüfte, wie z. B. der des J o n o n s , des künstlichen Veilchenaromas, gefördert. In jedem wissenschaftlichen Laboratorium und in jeder rationell geleiteten chemischen Fabrik, wo die Parfumstoffe Gegenstand der Arbeit sind, bildet das Spectrometer jetzt ein unentbehrliches Instrument der Untersuchung, und damit auch ein Werkzeug der industriellen Produktion.

IX.

§ 27. Wenn durch wissenschaftliche Forschung neue Methoden des Naturerkennens erschlossen werden, so pflegt die Anwendung dieser Methoden auch im praktischen Leben nicht lange auf sich warten zu lassen. Bald macht sich dann das Bedürfnis geltend, die wissenschaftlichen Apparate zu vervollkommnen und zugleich zu vereinfachen. Auch in bezug auf das Spectrometer hat es an derartigen Bemühungen nicht gefehlt, und sie sind von den glänzendsten Erfolgen gekrönt worden.

Von dem vor kurzem verstorbenen ausgezeichneten Physiker Prof. A b b e und später von

Dr. Pulfrich sind Spectrometer auf Grund des Prinzips der Totalreflexion konstruiert worden. Diese Instrumente zeichnen sich von den früher benutzten Spectrometern durch eine außerordentliche Einfachheit und Bequemlichkeit aus und gestatten außerdem ein sehr viel rascheres Arbeiten.

Solche als Totalreflektometer bezeichneten Instrumente sind sowohl für die genausten wissenschaftlichen Messungen, als auch für medizinische und technische Verwendungen konstruiert worden. Besondere Formen dienen für die Untersuchung von Fetten und Ölen, von Milch und Butter, zur Bestimmung des Salzgehaltes in Salzlösungen, des Alkohols und des Extraktgehaltes in Bieren, zur Untersuchung des Blutes und der Eiweißstoffe in pathologischen Flüssigkeiten usw. Manche dieser ingeniös erdachten Apparate ergeben nicht nur unmittelbar, ohne jede Rechnung, den Brechungsindex und die Dispersion eines Stoffes, sondern auch direkt den Prozentgehalt an den gelösten Bestandteilen, z. B. an Alkohol und an Extraktivstoffen in Bieren.

Eine Anzahl solcher Instrumente aus der berühmten Werkstätte von Carl Zeiß in Jena sind hier auf meinen Wunsch ausgestellt worden.

Wir sind nun am Schlusse unserer Betrachtungen angelangt. Die Entwicklung der spectrochemischen Forschung seit N e w t o n s Zeiten haben wir an uns vorüberziehen lassen und gesehen, daß, obwohl verschiedene Nationen an diesem Werk beteiligt sind, doch ein besonders großer Anteil hieran britischen Forschern zukommt. Aus diesem Grunde war es mir, wie ich schon zu Beginn dieses Vortrages sagte, eine Freude, diesen Gegenstand vor der Royal Institution behandeln zu dürfen.

Auch für den heutigen Abend mag ein Wort von M o n t e s q u i e u gelten: „Quand vous traitez un sujet, il n'est pas nécessaire de l'épuiser, il suffit de faire penser."

Den Zeitraum seit N e w t o n, welchen unser Planet zu einer 250maligen Umkreisung der Sonne benutzt hat, haben wir in 60 Minuten durchflogen. Daß wir uns auf einer so beschleunigten Fahrt nur an wenigen Aussichtspunkten aufhalten konnten, und uns mit einem flüchtigen Rundblick begnügen mußten, ist wohl begreiflich. Ich danke Ihnen, daß Sie sich für eine so eilige Reise mir anvertraut haben, und will froh sein, wenn dieselbe ohne Unfall verlaufen ist.

GPSR Compliance
The European Union's (EU) General Product Safety Regulation (GPSR) is a set
of rules that requires consumer products to be safe and our obligations to
ensure this.

If you have any concerns about our products, you can contact us on

ProductSafety@springernature.com

In case Publisher is established outside the EU, the EU authorized
representative is:

Springer Nature Customer Service Center GmbH
Europaplatz 3
69115 Heidelberg, Germany